# 藏猪养殖生物安全

甘孜藏族自治州畜牧业科学研究所
叶忠明　杨丹娇　张　敏　李　平　主编

四川民族出版社

图书在版编目（CIP）数据

藏猪养殖生物安全防控技术手册 / 甘孜藏族自治州畜牧业科学研究所等主编. —成都：四川民族出版社，2022.4

ISBN 978-7-5733-0461-2

Ⅰ. ①藏… Ⅱ. ①甘… Ⅲ. ①养猪学 – 手册②猪病 – 防治 – 手册 Ⅳ. ①S828-62②S858.28-62

中国版本图书馆CIP数据核字(2022)第047390号

ZANGZHU YANGZHI SHENGWU ANQUAN FANGKONG JISHU SHOUCE

# 藏猪养殖生物安全防控技术手册

甘孜藏族自治州畜牧业科学研究所
叶忠明　杨丹娇　张　敏　李　平　　主编

出 版 人　泽仁扎西
责任编辑　胡　庆
版式设计　李　娟
责任印制　温祥宇
出版发行　四川民族出版社
地　　址　成都市青羊区敬业路108号（邮政编码：610091）
成品尺寸　140mm×203mm
印　　张　3
图　　幅　15
字　　数　60千
制　　作　成都华桐美术设计有限公司
印　　刷　四川永先数码印刷有限公司
版　　次　2022年4月第1版
印　　次　2022年4月第1次印刷
书　　号　ISBN 978-7-5733-0461-2
定　　价　28.00元

版权所有·翻印必究

本书如有破损、缺页、装订等问题，请拨打电话(028) 80640452，以便及时调换。

# 《藏猪养殖生物安全防控技术手册》

## 编辑委员会

**主　编**

叶忠明　杨丹娇　张　敏　李　平

**副 主 编**

何宗伟　徐兴宇　杨　珊　泽仁曲初

**编 写 人 员**

吴建平　蓝　岚　李友英　潘　瑶　冯卫东

蒋绍平　衡久红　赵晓刚　王艳琼　陈亭宇

罗　婷　袁觉康　刘怡雯　任洪辉　帅　戟

且华敏　刘昭强

# 前言

动物疫病是严重危害畜牧业生产和发展的最主要因素，已成为制约畜牧业发展的瓶颈之一。近年来，畜禽健康养殖和公共卫生安全体系的建立逐渐得到人们的认可和重视。畜禽养殖的生物安全已不再是简单的动物疫病诊断和治疗，更多的是关注畜禽养殖各环节生物安全防控体系的建立，从基础和源头上控制畜禽疫病的发生、发展。畜禽健康养殖及其生物安全体系的构建，不仅是畜禽养殖业健康发展的基础，更是动物源性食品安全和兽医公共卫生安全的源头保障和必由途径。

自1921年在肯尼亚首次报道发现非洲猪瘟（Infection with African swine fever Virus，简称ASF）以来，全球近60个国家和地区都发生过或正在发生非洲猪瘟疫情，给养猪业造成了巨大的经济损失。2018年，非洲猪瘟疫情在我国辽宁省首发后，便陆续散发于河南、江苏、浙江、安徽、四川等地，给我国生猪养殖及猪肉市场带来了沉重打击。藏猪作为青藏高原地区与农牧民生活息息相关的生猪养殖品种，毫不例外也受到非洲猪瘟为主的各种疫病威胁。随着藏猪养殖的规模化、集约化、产业化发展，摒弃传统的养殖模式、防疫措施，牢固树立生物安全观念，构建藏猪养殖生物安全防控体系，已成为广大藏猪养殖企业和科技工作者的共识，更是藏猪产业健康发展的基本保障。

《藏猪养殖生物安全防控技术手册》严格贯彻“以防为主、防重于治”的原则，以藏猪养殖组织化、标准化、专业化、区域化、规模化、产业化为发展方向，参考了非洲猪瘟防控体系的技术和经验，收集和引用了生猪疫病的流行病学、诊断技术、生物安全防控技术等方面的研究成果和实践经验，形成了藏猪规模化生产条件下生物安全防控体系的技术资料。本书在编写过程中得到了四川大学、四川农业大学、西南民族大学、甘孜州农牧农村局、甘孜州动物疫病预防控制中心、稻城县农牧农村和科技局、甘孜州科技局等单位专家教授和领导的精心指导，在此表示衷心的感谢。

由于编者水平有限，书中不妥之处恳请广大读者批评指正。

编　者

2021年11月

# 第一章　藏猪简介

## 第一节　藏猪的起源与分布

藏猪俗称“藏雪豚”，是青藏高原先民经过漫长驯化得来的较为古老的地方猪种，也是世界上少有的高原型猪种。藏猪起源于青藏高原本土，其祖先是青藏高原地区的“小型野猪”，长期生长在青藏高原半山区，该地区海拔2500～3500米，年平均气温6～12℃，冬季最低气温-15℃以下，无霜期100～200天，粮食和牧草缺乏。高海拔、缺氧、低温、多风雪、气温多变、多肉食野兽等恶劣的生存环境，造就和形成了独特的藏猪品种。由于局部区域的自繁自养，形成了多个藏猪类群。2004年，藏猪品种被正式列入《中国畜牧品种志》，正式被确定为地方原始猪种。2006年，藏猪被列入《国家级畜禽遗传资源保护名录》。

藏猪终年随牛羊混群放牧或单群放牧，适应高原严酷环境，具有耐高寒、耐粗饲、抗逆性强等特点。藏猪主要分布于我国西藏自治区的山南、林芝、昌都地区，四川省的阿坝藏族羌族自治州和甘孜藏族自治州，云南省的迪庆藏族自治

图1-1　散养藏猪群

图1-2　圈舍饲养藏猪群

州，甘肃省的甘南藏族自治州及青海省等交通较为不便的半农半牧区。部分县、乡藏猪养殖数量占家畜总数的20%以上，仅次于牦牛。（见图1-1、图1-2）

## 第二节　藏猪的品种特征

藏猪被毛多为黑色，部分猪具有不完全“六白”特征（即额心、四蹄和尾尖被毛为白色），少数猪为棕色，也有仔猪被毛具有棕黄色纵行条纹。鬃毛长、密、坚，一般延伸到荐部，鬃毛下密生绒毛。体型小，成年藏猪体重40千克左右。头狭长，嘴尖，额面直而窄，额部皱纹少；耳小直立、转动灵活，听觉灵敏；视觉发达，嗅觉灵敏。胸较窄，体躯较短，背腰平直或微弓，后躯略高于前躯，臀部倾斜，四肢结实，体躯结构紧凑。蹄质坚实，善于奔跑，野性强。藏猪繁殖性能较低，母猪一般有5~6对乳头。（见图1-3）

### 藏猪主要生产性能

**1. 产肉性能：**在产区终年放牧的粗放条件下，育肥猪增重缓慢，一般18～30月龄，体重可达50～60千克。有试验表明：舍饲条件下，300日龄的公猪体重为27.89千克、母猪体重为32.92千克。

图1-3　藏猪

**2. 胴体性能：** 藏猪屠宰率偏低（62%），瘦肉率较低（50%）。胴体皮薄、沉脂力强、肉质好。在舍饲条件下，藏猪的屠宰率有所提高，腹油、体脂比率增加明显。

**3. 繁殖性能：** 产区习惯公、母猪混群放牧，任其自然配种，年产仔1~2窝。在放牧条件下，初产母猪产仔数平均为4.5 ± 0.1头，第二胎平均为5.4 ± 0.2头，三胎以上平均为5 ± 0.2头。仔猪初生重0.4~0.6千克。2~3月龄自然断乳，断乳重为2.5~4千克。在圈舍饲养条件下，藏猪母猪初情期多在4 ~ 5月龄，发情周期20 ~ 30天，发情时间可持续3 ~ 4天；一世代第一情期受胎率达92.59%，怀孕时间最长119天，最短108天，平均113.8天，平均窝产仔数5.5头，断奶成活率89.5%；二世代第一情期受胎率为88.9%，平均窝产仔数5.2头，断奶成活率93.6%。

## 藏猪的价值

藏猪肌肉纤维细、肌间脂肪含量高、肉质细嫩、香味浓，是制作多种特色食品的优质原材料。藏猪可生产酱、卤、烤、烧等多种制品，开发利用藏猪可为人们提供优质乳猪、腊味猪和高档猪肉食品。

藏猪养殖受牧区特殊的高山、河谷、草原和交通等条件限制，在小区域内封闭式自繁自养，已经形成了多种藏猪“亚群”。藏猪“亚群”是宝贵的基因库，是猪育种的重要基因资源。

藏猪作为世界少有的独具特色的微型猪品种之一，其对高海拔、供氧不足、高寒气候等恶劣环境的适应性，以及其拥有强大功能的循环系统、呼吸系统，使其成为畜牧、兽医、药学、人类比较医学等研究的理想动物模型。除作为一般实验动物外，藏猪还是人类器官移植供体的理想来源。因此，藏猪是医学和生物学研究理想的实验动物之一。

近几年来，随着科技的不断发展和人民消费水平、绿色健康消费意识的提高，藏猪在保种繁育、科学研究、产业化生产方面得到发展，并被推广到周边地区扩繁，规模化藏猪养殖生产企业日渐增多，藏猪群体数量不断发展壮大。

## 第三节　藏猪养殖生物安全

近年来，随着养殖业的快速发展，畜禽疫病呈现出多样性、复杂性的特点，老病频发，新病不断出现。2018年以来，非洲猪瘟在全国暴发并蔓延，藏猪养殖业面临严重的威胁，再加上多种病原不断变异，加大了疫病防控的难度。在实际生产过程中，单纯的临床兽医诊治和环境控制已经不能有效防控各种疫病，故而迫切需要建立一套藏猪养殖生物安全防控体系。生物安全是一种系统化的管理手段，生物安全体系建设更是一项庞大的工程，涉及养殖的方方面面。比如场址的选择、日常消杀处理、消毒用品的选择、水质与饲料的管控、免疫程序的制定等等。重塑新时期生物安全体系，通过有效方法将传染病、寄生虫病等疫病排除在外，避免畜禽接触病原体，构筑起病毒载量无法突破机体的防御屏障，进而使疫病无法流行。（见图1-4）

随着藏猪产业化生产进程的不断加快，青藏高原传统的放牧养殖方式已经不能适应和满足现代畜牧业发展的需要。

考虑到藏猪养殖的生态环境保护、青藏高原水源保护、动物疫病防控、食品健康安全、生产效益等因素，藏猪产业须规模化、科学化、生态健康化发展。

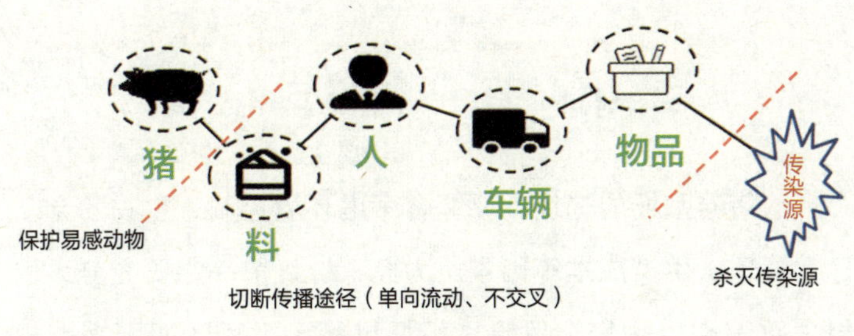


图1-4　生物安全体系

# 第二章
# 藏猪养殖场规划设计

## 第一节　场址选择

藏猪养殖场的选址，要综合考虑环境控制、生物安全、日常管理、生产成本等因素。为此，选址前一定要充分评估相关政策和生物安全风险，根据风险水平科学匹配养殖规模、硬件设施和管理措施。

第一，根据国家政策规定，明确本区域内的国土空间规划情况、行业部门的禁养和限养区域以及动物卫生防疫要求等，充分考虑是否涉及饮用水源保护地、自然保护区、风景名胜区、城镇居民区、Ⅰ类和Ⅱ类水源地、河流、主要交通干线等，结合当地政策要求，科学选址。

第二，根据《动物防疫条件管理实施细则》，藏猪种猪场、扩繁场与其他相关场所必须间隔一定的距离，并配备具有防渗、防漏及粪污处理的设施设备，以满足畜禽养殖的生物安全防控需要。同时，藏猪养殖场周边需有河流、湖泊、树林、山丘、大型沟壑等天然屏障或者围墙（不具有隔离作用的栅栏、铁丝网等除外）等人工屏障，使其与生活饮用水

水源地、城镇居民区、公路、铁路、屠宰加工场、其他动物饲养场、动物隔离场、无害化处理场以及动物诊疗机构等实现物理隔离，防止病原微生物传播。（见表2–1）

**表2–1　藏猪场与其他相关场所的间隔距离要求**

<table>
<tr><th>猪场类型<br>其他相关场所</th><th>藏猪扩繁场</th><th>藏猪种猪场</th></tr>
<tr><td>生活饮用水水源地、城镇居民区、公路、铁路</td><td rowspan="2">500米</td><td rowspan="2">1000米</td></tr>
<tr><td>屠宰加工场、其他动物饲养场</td></tr>
<tr><td>动物隔离场、无害化处理场</td><td colspan="2">3000米</td></tr>
<tr><td>动物诊疗机构</td><td>200米</td><td>3000米</td></tr>
</table>

# 第二节　场区布局与建设

## 场区布局

藏猪养殖场要实行严格的分区管控。依据生物安全风险等级，养殖场通常可划分为红、橙、黄、绿四个等级，各区域间要有实体墙隔开，避免各区域相互交叉。（见图2–1）

**1. 红区：**猪场外部不可控区域（缓冲区）。须设置在距离猪场不低于3千米的区域。包括建立人员隔离中心、物品处理中心、中转场、车辆洗消中心等。

**2. 橙区：** 猪场围墙至外部可控区域。包括环保处理区（粪污池和污水处理系统）、无害化处理区。

**3. 黄区：** 猪场围墙内部至猪舍外部区域。包括生活区、隔离区、门卫区。生活区为人员生活、休息、娱乐的所有立体空间及物资进入、存储区域，包括人员进场淋浴室、物资进入熏蒸消毒通道、物资存储间和宿舍、办公室、会议室、厨房、餐厅、洗衣房及周边空地等。

**4. 绿区：** 猪舍及猪舍连廊内部等生产区。为生猪日常饲养管理、转移及饲养人员休息就餐、药械物资及维修用品消毒存贮等相关区域。包括配种舍、后备隔离舍、培育舍、诱

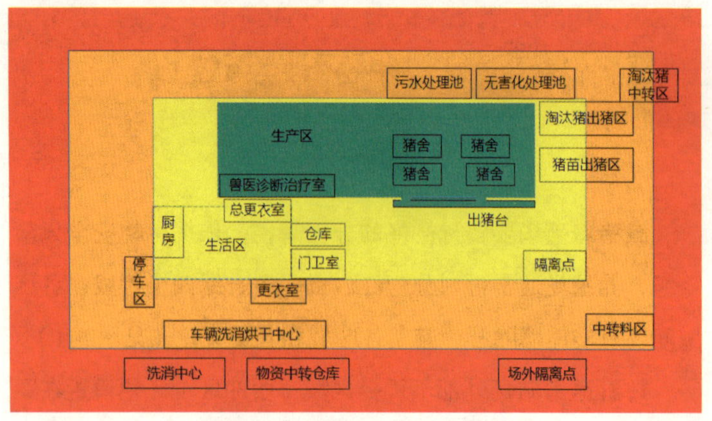


图2-1　规模猪场分区示意图

情舍、产房、待转舍、猪只转移连廊、操作间、清洗房等绿区内立体空间全部实物（墙体、地沟、设备、管线等）。

藏猪养殖环境一般分为净区与污区。净区与污区是相对的概念，即生物安全级别高的区域为净区，生物安全级别低的区域为污区。在猪场的生物安全等级金字塔中，公猪舍、分娩舍、配怀舍、保育舍、育肥舍和出猪台的等级依次降低。猪只和人员只能从生物安全级别高的地方向级别低的地方单向流动。净区和污区不能直接交叉，严禁逆向流动，必须有明确的分界线，并有清晰的标识。

另外，经消毒处理的环境区域也被视为净区。包括经过消毒处理的人员、车辆、物资接触区域以及健康藏猪饲养区域。未经消毒处理的环境区域为污区，包括未经消毒处理的人员、车辆、物资接触区域以及病死猪接触区域、粪污处理区域等。

## 猪场建设

严格参照《规模猪场建设》（GB/T 17824.1—2008）、《规模猪场环境参数及环境管理》（GB/T 17824.3—2008）、《畜禽粪便贮存设施设计要求》（GB/T 27622—2011）、《规模猪场清洁生产技术规范》（GB/T 32149—2015）、《畜禽场场区设计技术规范》（NY/T 682—2003）、《标准化规模养猪场建设规范》（NY/T 1568—2007）、《种公猪站建设技术规范》（NY/T 2077—2011）、《种猪场建设标准》（NY/T 2968—2016）以及《病死及病害动物无害化处理技术规范》等要求，独立设计、建设不同功能区。将猪场以生产单元为中心向外扩展，划分为生产区、生活区、隔离区、环保处理区（包括粪污池、污水处理系统）、无害化处理区、门卫区、缓冲区。（见图2-2）

**1. 围墙：**围墙可以隔断猪场和外界的直接连通，需要具备防人、防鼠、防野猪、防犬猫等功能，要求实心、结实、耐用。可以用砖墙，也可以用彩钢板等简易材料建设。

**2. 道路：**为便于生产和管理，应将猪场内的道路进行硬化处理。净道和污道严格分开，避免交叉。

图2-2　乡城藏猪保种繁育基地

**3. 料塔：** 设置在猪场内部靠近围墙边，满足场外散装料车不进入场内即可进行饲料入场的需求，或者建立场内饲料中转料塔，配置场内中转饲料车。确保内部饲料车不出场，外部饲料车不进场。

**4. 猪舍：** 全封闭设计，避免鸟、鼠、蚊、蝇等进入猪舍。猪舍实行单元化生产，进风、排风独立运行；自动化、智能化设计，尽量减少人员和车辆使用；优选设备，减少人员维护；粪污严格分离。

**5. 隔离舍：** 主要用于引进后备种猪群的隔离和驯化，一般建在猪场边缘角并处于下风向区，尽量远离其他猪舍，通过封闭的通道和场内其他猪舍连通。隔离舍须配备独立的藏猪进入通道，以及独立的人员进场通道、物资通道、人员生活区。引进后备种猪群隔离期间，严禁与猪场内部其他人员和隔离种猪群工作人员间的交叉。

**6. 出猪台：** 这是猪场连接外界的通道，一般包括过往通道区、缓存区、装猪台区（升降台）三个区，每个区之间通过过猪门洞连通。出猪台宜建为封闭式建筑，做密封连廊以防蚊蝇，顶部搭挡雨铁板，配备防鼠设施。出猪时应单向通过，人员在各区之间不交叉。出猪台宜设置淋浴间，配备淋浴设备、自动喷淋消毒系统和烘干消毒设备；应有独立的粪污流通道，污水不得回流入场。（见图2–3）

**7. 淋浴室：** 应严格区分污区更衣间、淋浴间和净区更

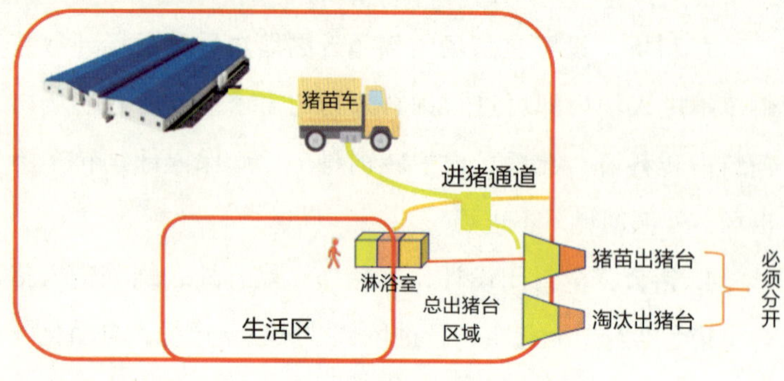


图2-3　出猪通道设置示意图

衣间，污水无交叉，各区无积水。更衣间配备无门衣柜、鞋架、脏衣桶、垃圾桶、防滑垫。淋浴室配备导水脚垫、洗漱用品架、热水器，水温适宜，水量充足，并安装取暖设施等。

**8. 隔离场所：** 有条件的猪场宜建设场外人员隔离场所。隔离场所应远离其他猪场、市场、屠宰厂（场）、中心路等风险较高的区域；须具有人员淋浴通道、物品消毒间、独立的隔离间、厨房、洗衣间等设施。

**9. 车辆洗消和烘干中心：** 有条件的猪场应设立洗消中心，对车辆进行检查、清洗、消毒、烘干；需配置检查区、清洗区、消毒区、烘房与净区停车场，每个区域有明显的标识划分。车辆检查区、清洗区、消毒区的地面需硬化10厘米厚，每个区域建设空间至少足够停放一辆长9.6米的车辆；配

置梯子，用于爬高开展车辆检查、清洗、消毒；配有停车检查标识以及车辆洗消、烘干操作挂图或展板。洗消区需搭建防雨、防晒顶棚，配置两台高压清洗机。烘干区内，烘房通常长15米、宽5米、高4.5米；烘烤温度达60～65℃，时长为70分钟（不含预热时间）。

## 第三节　养殖场的生物安全评估

藏猪养殖场的规划、布局、建设必须符合四川省农业农村厅于2020年8月13日颁布的《四川省动物防疫条件审查选址风险评估办法》，要综合考虑各种生物安全因素，并进行赋值评估，所列因素可能无法同时达到理想条件，但要尽量满足（见表2-2）。一般建议：综合评分90～100分，可以建设生物安全级别较高的藏猪种猪场；综合评分80～90分，可以建设生物安全级别稍低的藏猪扩繁场等。选址确定后，要根据实际情况调整和完善软、硬件，提升猪场生物安全水平。

表2-2　猪场选址生物安全风险评估内容

| 生物安全因素 | 参考值 | 分值 |
| --- | --- | --- |
| 场区位于山区/丘陵/平原 | — | 1～5 |
| 半径3千米内其他猪场数量 | — | 1～5 |
| 半径3千米内猪只数量 | — | 1～5 |
| 半径5千米内其他猪场数量 | 5个以内 | 1～5 |
| 半径5千米内猪只数量 | — | 1～5 |
| 主要公共交通道路至猪场的最近距离 | >1千米 | 1～5 |
| 猪场周边公共交通道路每天车流量 | <5辆 | 1～5 |
| 靠近猪场的道路，是否每天都有其他猪场生猪运输车辆经过 | — | 1～5 |
| 半径10千米内是否有野猪出没 | — | 1～5 |
| 猪场周边其他动物养殖场数量 | 0 | 1～5 |
| 与最近屠宰厂（场）的距离 | >10千米 | 1～5 |
| 与最近垃圾处理场的距离 | >5千米 | 1～5 |
| 与最近动物无害化处理场所的距离 | >10千米 | 1～5 |
| 与最近活畜（禽）交易市场的距离 | >10千米 | 1～5 |
| 与最近河流（溪流）的距离 | >1千米 | 1～5 |
| 饮水来源 | 深井水 | 1～5 |

续表

| 生物安全因素 | 参考值 | 分值 |
| --- | --- | --- |
| 水源地周围3千米内的养殖场数量 | 低密度 | 1～5 |
| 与全年最小频率风向上游区域的最近猪场距离 | 3千米 | 1～5 |
| 场区周围是否有树木隔离带 | 有 | 1～5 |
| 与最近村庄的距离 | >1千米 | 1～5 |

注：根据猪场选址条件按1～5分评估。

# 第三章
# 藏猪生产安全管理

## 第一节　后备猪管理

建立科学合理的后备猪引种制度，包括引种评估、隔离准备、引种路线规划、隔离观察及入场前评估等。

### 引种评估

**1. 资质评估：** 供种场具备《种畜禽生产经营许可证》，所引进后备猪具备《种畜禽合格证》《动物检疫合格证明》及《种猪系谱证》。

**2. 健康度评估：** 引种前需评估供种场猪群的健康状态，供种场猪群的健康度必须高于引种场。评估内容包括：猪群临床表现，口蹄疫、猪瘟、非洲猪瘟、猪繁殖与呼吸综合征、猪伪狂犬病、猪流行性腹泻及猪传染性胃肠炎等病原学和血清学检测结果，死淘记录、生长速度、生产成绩及料肉比等生产记录。

## 隔离准备

后备猪要先在引种场隔离舍进行隔离。在后备猪到场前，隔离舍必须完成清洗、消毒、干燥，并空置1～2周。一般情况下，引进或购入的种猪，隔离期为30天。同时，完成药物、器械、饲料、用具等物资的消毒及储备，并安排专人负责后备猪隔离期间的饲养管理工作，直至隔离期结束。

## 引种路线规划

后备猪转运前，需要对路线距离、道路类型、天气、沿途路况、猪场、屠宰厂（场）、村庄、加油站及收费站等调查分析，确定最佳行驶路线和备选路线，制定特殊情况下的应急配套方案，尽量减轻引种运输过程中后备猪产生的应激反应。

## 隔离观察

隔离期内，密切观察猪只临床表现（体态、特征和生理指标等），进行病原学检测，检测重大动物疫病免疫抗体是否合格。

## 入场前评估

隔离结束后，需要对猪群进行抗原检测和抗体水平监测，进行初步健康状况评估。除了猪繁殖与呼吸综合征病毒、猪流行性腹泻病毒、猪传染性胃肠炎病毒、猪伪狂犬病毒、猪口蹄疫O型和A型病毒抗原检测外，还应进行相应的抗体水平监测，发现异常，要立即采取规范的隔离治疗措施，并根据抗体水平的高低评估猪群免疫质量和抵御疾病风险的能力，从而指导制定科学合理的免疫程序。隔离期满并经检测合格的后备猪方可入场饲养。

## 第二节　精液引入管理

目前，甘孜州的藏猪人工采精、授精工作尚未开展。如果将来进行藏猪的精液引入，精液必须具备《动物检疫合格证明》，必须进行供精资质评估和病原学检测，且猪瘟、非洲猪瘟、猪繁殖与呼吸综合征及猪伪狂犬病等病毒检测均为阴性。

## 第三节　猪群管理

### 全进全出管理

隔离舍、后备猪培育舍、分娩舍、保育舍及育肥舍严格执行批次间全进全出规定。转群时，避免不同猪舍的人员交叉；转群后，对猪群经过的道路进行清洗、消毒，对猪舍进行清洗、消毒、干燥并空置1～2周。

### 猪群环境控制

合适的饲养密度，合理的通风换气方式，适宜的温度、湿度及光照，是藏猪健康生长的必要条件，在养殖过程中，需参考《规模猪场环境参数及环境管理》（GB/T 17824.3—2008）、《标准化规模养猪场建设规范》（NY/ T1568—2007）等相关控制指标。

### 栏舍要求

猪场大栏之间用实体墙隔开，避免不同栏舍交叉感染。

### 日常管理

生产过程中，做好猪只采食、免疫和用药记录，及时淘汰无饲养价值的猪。进行测孕、测膘和配种操作时，每批次操作人员宜先淋浴、更衣，杜绝人员、工具、衣物在不同批次间交叉使用。发现猪只异常时，应做好记录并及时上报处理。

## 第四节　转群管理

猪只转群分3段进行：猪舍→连廊/车辆→猪舍，各段操作人员尽量分开进行操作，不能交叉。

待产母猪转群，是指将妊娠期达110～112天的母猪转入分娩舍。断奶母猪转群，是指将断奶的母猪转入配怀舍。驱赶临产母猪上产床时，需要配怀舍和分娩舍的工作人员合作。转猪前确认母猪信息，清理过道内的障碍物，避免转群过程中对母猪造成各种应激。每次驱赶不超过10头母猪，防止因拥挤而造成打斗应激。驱赶过程中，操作人员需要使用挡猪板。连廊地面需要随时清扫母猪粪尿，必要时铺撒干燥粉，防止母猪滑倒。对于行走不便或应激反应强烈的母猪，需要缓慢驱赶或原地休息半小时再驱赶，不可强行驱赶。

## 第五节　调出管理

调出藏猪时，通常需要分5段进行：产床→连廊→地磅内侧→地磅外侧连廊内→连廊外出猪台，各段操作人员必须分开进行，不能交叉。

藏猪生产尽可能采用最大化利用批次生产模式，尽量减少销售次数，降低售猪频次，对严重应激和不能行走的猪只实施安乐死。

合格断奶仔猪、保育猪、后备猪、淘汰母猪必须由场内自有车辆运输或转运。运猪前，车辆需经洗消中心彻底清洗、消毒、高温烘干且物流单位验收合格后，方可驶进猪场，并在猪场的高温烘干房再次经过高温烘干后方可接近猪场装猪台。

车辆到场后，门卫使用泡沫喷枪和泡沫消毒剂对车辆车轮、车轮框、保险杠等部位进行消毒，泡沫消毒剂需在相关部位维持30分钟。消毒完成后必须填写消毒记录。

场内出猪台的使用有严格的划分，每个区域的猪就近选择出猪台。出猪台使用完毕后，需及时使用高压冲洗机对其进行清洗并完成消毒、高温烘干处理。一般情况下，密闭式出猪台采用高温烘干，露天式出猪台采用干燥处理。

## 第六节　出猪台管理

各进猪通道及出猪通道只用于猪只的进出，施行严格的进出分离管理制度，任何场内外人员、设备、物资、饲料、动保产品等不得通过进猪通道进场或出猪通道出场。进猪通道不得出猪，出猪通道不得进猪。

**1. 净区和污区：** 待售间为相对净区，地磅和升降机/坡道间为污区。人员进入污区时，必须更换上专用的装猪防护服和工作靴。

**2. 着装要求：** 准备不同颜色的工作服、工作靴，所有进入出猪台的人员，必须更换上专用工作服和工作靴。

**3. 猪只出售：**严禁交叉接触，阻止交叉传播。猪只出售期间，禁止待售间或生产区人员与出猪台人员接触。禁止出猪台人员与场外车辆或场外转运人员接触。猪只出售完毕后，及时对出猪台进行清洗、消毒；将工作靴清洗干净并消毒后，在淋浴室污区外悬挂放置；将工作服在淋浴室污区进行清洗、消毒、高温烘干处理。待售间人员在待售间淋浴，更换生产区衣物后，经生产区淋浴室返回生活区。

**4. 地磅至出猪台的赶猪人员：**每次完成赶猪和消毒后，走人员进场通道，由猪场隔离区淋浴进场；在地磅内侧的赶猪人员，必须在生产区淋浴室换鞋、淋浴、更衣后才能下班。

**5. 出猪台场外工作人员：**需返回场内的，必须经过淋浴、更衣后才能再次进入猪场。当天不得再次进入猪场生产区。

**6. 司机及车辆：**有条件的猪场，司机不下车，场外安排专人装猪；若需司机参与，需穿上干净的工作服，负责把猪装入车厢，同时确保不接触装猪台。运猪车需在洗消中心或者指定地点进行清洗消毒。

**7. 卫生与消毒：**每次装猪前后，都要对车辆彻底消毒。设有内部中转车的，每次使用前后，由车上的接猪人员对车辆进行消毒和烘干。

# 第七节　风险动物控制

牛、羊、犬、猫、野猪、鸟、鼠、蜱及蚊蝇等可能携带危害猪群健康的病原，禁止其在猪场内和周围出现。

## 外围管理

了解猪场所处环境中是否有野猪等野生动物出没，发现后及时驱赶。选用密闭式大门，门与地面的缝隙不超过1厘米，日常保持关闭状态。建设环绕场区的围墙，防止有缺口。禁止种植攀墙植物。定期巡视，发现漏洞及时修补。

## 场内管理

猪舍大门保持常闭状态。猪舍外墙完整，除通风口、排污口外不得有其他漏洞，并在通风口、排污口安装高密度铁丝网，侧窗安装纱网，防止鸟类和鼠类进入。吊顶如有漏洞及时修补。赶猪过道和出猪台设置防鸟网，防止鸟类进入。

使用碎石子铺设80～100厘米的隔离带，用以防鼠。鼠出没处每6～8米设立投饵站，投放慢性灭鼠药。也可聘请专业团队定期灭鼠。

猪舍内悬挂捕蝇灯和粘蝇贴，定期喷洒杀虫剂。密切注意猪舍的缝隙、孔洞内是否有蜱虫藏匿，发现后向内喷洒杀蜱药物（如菊酯类、脒基类），并用水泥对缝隙和孔洞进行填充抹平。

清除猪舍周边的杂草，场内禁止种植树木，减少鸟类和节肢动物生存空间。

## 环境卫生

及时清扫散落在猪舍、仓库及料塔等处的饲料。做好厨房清洁工作，及时处理餐厨垃圾，避免给其他动物提供食物来源。做好猪舍、仓库及药房等处的卫生管理，消除卫生死角。

# 第四章 人员管理

人员只能从生物安全高级别区域单向进入生物安全低级别区域，严禁人员未经消毒处理从生物安全低级别区域直接进入生物安全高级别区域，即低风险区域可直接向高风险区域流动，高风险区域进入低风险区域必须进行消毒处理。

所有人员入场，均需进行入场审查。外部人员到访需提前24小时向猪场相关负责人提出申请，经对近期活动背景审核合格后方可前来访问。猪场休假人员返场需提前12小时向猪场相关负责人提出申请，经对人员近期活动背景审查合格后方可返场。

## 第一节 场内工作人员

### 人员入场前管理

所有入场人员，在入场前72小时内严禁接触其他来源的猪只、生猪肉产品及其他偶蹄类动物（牛、羊）等。入场前，不得在猪场外围，如出猪台、污水处理场所、病死猪处理场所等场所停留。

所有入场人员入场前均应在场外隔离场所进行隔离。管理人员使用纱布或一次性棉签对入场人员的手心、手背、头发、指甲缝隙等身体部位，随身携带的手机、戒指、手表、电脑等密切接触物品以及所穿鞋的鞋底部位进行取样并送实验室检测。所采集的样本编号与入场人员一一对应。入场人员入场前需剪短指甲，指甲不超过1毫米，缝隙内无污垢，洗手消毒，用沐浴露和洗发水进行淋浴，淋浴时间不低于10分钟。换下的衣物浸泡消毒后再清洗烘干。手机、戒指、手表等密切接触物品进行消毒处理。

## 场外隔离人员管理

场内工作人员休假完毕返场，抵达场外隔离场所后，先在登记室进行登记、采样；将行李放置在行李存放间；隔离点管理员负责检查员工的指甲，并监督其洗手、消毒；人员通过行李存放间的另一侧进入走廊，在走廊尽头的工作台上，使用酒精将手机、电脑、数据线等物品擦拭消毒后，放入紫外线消毒柜内照射30分钟；人员进入更衣室，将衣物放入自己的收纳箱，然后用淋浴室污区配备的洗烘一体机清洗；人员淋浴后，在淋浴室净区使用经清洗、高温烘干后的浴巾和地巾擦干身体，使用过的浴巾和地巾放入净区侧的洗烘一体机内清洗，由隔离区的工作人员取出，晾干后折叠放在淋浴室净区架子上供后续人员使用；人员出淋浴室后，可经过隔离房间的走廊到紫外线消毒柜内拿取完成消毒的手机、电脑等物品；人员隔离期间，除到餐厅窗口领取饭菜，其余时间只允许待在自己的房间内，禁止聚众聊天。人员隔离结束后，经过隔离区换衣间更换返场专用衣服，乘坐返场专用车辆，由隔离场所管理人员送至猪场。隔离场所管理人员只允许往返于猪场和隔离场所，禁止到其他区域活动。禁止场外人员到养殖区域活动。

隔离点饭菜全部由指定的相关部门提供，禁止到市场采购饭菜。隔离人员使用一次性餐盒吃饭，剩余饭菜和餐盒经由管理员集中回收至垃圾桶内统一处理。接送员工的车辆，每次使用后，必须在车辆洗消中心清洗、消毒。

隔离人员在场外隔离24小时，待非洲猪瘟等重大病原检测结果为阴性，符合返场条件后方可返场。

## 人员入场流程

所有入场人员在场区外下车前，建议穿上一次性塑料鞋套（场外隔离场所提供一次性鞋套，下车前脚悬空穿戴鞋套，穿好后直接踩在地面上），进入门卫室前再次穿戴新的鞋套。在门卫处填写人员入场记录表，洗手、消毒，手机、电脑等物品使用酒精擦拭消毒后，放入紫外线消毒柜。

在消毒通道刷干净鞋面、鞋底，在洗手区域对手部进行浸泡消毒，严格执行清洗、消毒制度，进入隔离区、生产区和返回生活区，均需要淋浴。

进入外生活区（隔离区）的程序：洗手→踩脚踏盆→换下进场的衣服鞋子→淋浴→换上隔离区专用衣服鞋子→进入隔离区。单向不可逆。进入猪场隔离区，有桑拿房的，淋浴后可进入；无桑拿房的，在生活区隔离1天1夜后才能进入生产区。进场人员在生活区严禁接触生活区人员。

进入生产区的程序：洗手→踩脚踏盆→换下生活区的衣服鞋子→淋浴→换上生产区专用衣服鞋子→进入生产区。单向不可逆。（见图4-1）

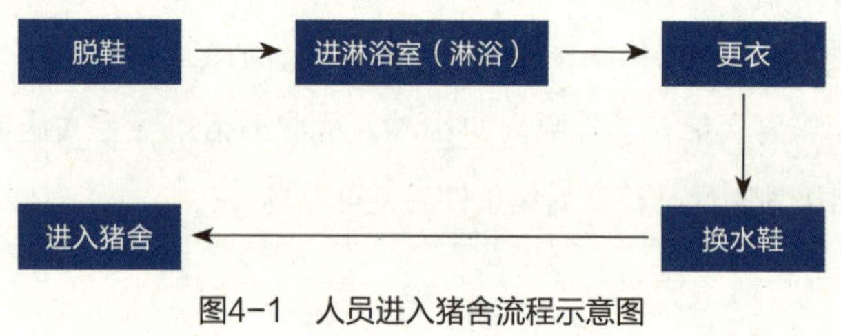


图4-1　人员进入猪舍流程示意图

返回生活区的程序：换下生产区的衣服鞋子→淋浴→换上生活区专用衣服鞋子→返回生活区。单向不可逆。

## 人员出场流程

休假人员出场也必须经过生活区、外生活区、场外隔离场所的路线。从生活区到外生活区的人员必须经过淋浴室淋浴，更换外生活区衣物，从外生活区到场外隔离场所可以不

再淋浴，直接更换场外隔离点衣物，由专人送至场外隔离场所更换上自己的衣物后开始休假。

## 第二节　后勤保障人员

### 后勤区域管理

场区门卫室和位于入场大门口的淋浴室污区卫生保持由安保员负责。安保员进出门卫室，每次更换门卫室外专用工作靴，并在每日下班后使用可拆卸的棉布拖把对门卫室进行清理和消毒。

入场大门口淋浴室内外侧，需要使用不同颜色的拖把擦拭地面，每次擦拭完毕后，将拖把的拖布拆卸，浸泡消毒后清洗、烘干。

入场门口淋浴室净区、生产区淋浴室净区和污区，由场内保洁人员分区管理，禁止人员交叉进出淋浴室打扫卫生；禁止打扫工具交叉使用。

### 餐厨区域管理

厨房必须生熟、净污合理分区，生区、熟区的工具不得有交叉。厨房要配备餐具消毒柜，使用专用桶（或袋）存放剩饭剩菜。

餐厅需设有传菜通道，人员及餐具不交叉。餐厅分区设立接餐区、就餐区、餐食清洗消毒区，对剩饭剩菜需进行无害化处理。

餐厅对场内只开放唯一的售饭窗口，除了供员工食用的熟食可通过窗口进入场内外，其他任何人、机、物、料等均不得通过售饭窗口进场，里外不得有任何交叉。

### 厨房进出人员管理

禁止场内人员进入厨房进行帮厨工作。如因隔离需要送餐，全部使用一次性餐盒，经高温消毒后进入场区。操作人员配餐时须戴一次性乳胶手套，不接触餐盒，用双层塑料袋分别打包，送至生产区传递窗门口。生产区人员只接触内层塑料袋，不得接触外层塑料袋，将餐食取出。

## 第三节　来访人员

### 进入场区外围

当来访人员需要进入猪场外围查看时，要保证72小时内未接触猪只，并经场外隔离场所采样检测合格、淋浴、更换衣物，方可被送至猪场外围进行查看。

## 进入场区

来访人员需在相关部门指定地点进行隔离、采样检测，经检测合格方符合入场条件。在场外隔离24小时且采样检测为阴性后，方可进入猪场内勤区的外隔离点进行隔离；隔离完成后，经过淋浴室进入生活区，淋浴后可直接进入生产区，并在指定办公室通过视频监控系统查看生产状况。（见图4-2）

图4-2　猪场视频监控系统

# 第五章 车辆管理

猪场车辆包括外部运猪车、内部运猪车、散装饲料运输车、袋装饲料运输车、病死猪运输车、猪粪运输车、通勤车等。规模大的猪场应做到猪场车辆自有，且尽量专场专用。所有进入猪场的车辆必须经过洗消中心进行清洗消毒处理。

社会及私人车辆禁止靠近场区。

## 第一节 外部运猪车

外部运猪车尽量自有，经过当地畜牧兽医主管部门备案或养殖企业许可，专场专用。如使用非自有车辆，则严禁运猪车接触猪场出猪台，猪只须经中转站转运至运猪车内。

运猪车经清洗、消毒及干燥后，方可接触猪场出猪台或中转站。运猪车使用完毕后需及时进行清洗、消毒及干燥。

对外部运输车司乘人员的要求：72小时内未接触本场以外的猪只。接触运猪车前，换上干净且经过消毒的工作服、工作靴。如参与猪只装载，则应穿着一次性隔离服和干净的

工作靴，禁止进入中转站或出猪台的净区一侧。运猪车必须配备专职人员，严禁本车司机以外的人员驾驶。

## 第二节 内部运猪车

猪场内部运输车须在场内相对独立的地点进行洗消，并到固定地点停放。洗消地点应配置高压冲洗机、清洁剂、消毒剂及热风机等设施设备。运猪车使用完毕后立即到指定地点进行清洗、消毒及干燥。消洗流程依次为：高压冲洗→清洁剂处理有机物→消毒剂喷洒消毒→充分干燥。

内部运输车的司乘人员由猪场统一管理。接触运猪车前，穿着一次性隔离服和干净的工作靴。运猪车上应配一名装卸员，负责开关笼门、卸载猪只等工作。装卸员穿着专用工作服和工作靴，严禁接触出猪台和中转站。

内部运输车辆必须按照规定路线行驶，严禁行驶至场区外，有条件的可随车配置GPS实时监控。

## 第三节 散装饲料运输车

为猪场配备的散装饲料运输车经清洗、消毒及干燥后，方可驶入或靠近饲料厂和猪场。重点对车轮、底盘和输料管进行清洗、消毒。

散装饲料运输车严禁由司机以外的人员驾驶或乘坐。进入生产区内，卸料工作由生产区人员完成，严禁司机下车。

散装饲料运输车在猪场和饲料厂之间须按规定路线进行行驶。避免经过猪场、其他动物饲养场、病死猪无害化收集处理场所、屠宰厂（场）等高风险场所，随车配置GPS实时监控。散装饲料运输车每次送料尽可能满载，以减少运输频率。如需进场卸料，经严格清洗、消毒及干燥后方可进行，卸料结束后立即出场。

## 第四节　袋装饲料运输车

袋装饲料运输车经清洗、消毒及干燥后方可使用。如跨场使用，车辆经清洗、消毒及干燥后，在指定地点隔离24～48小时后方可使用。柴油车可执行高温烘干，烘干后无须隔离。

卸料管理：袋装饲料运输车进入生产区，卸料工作由生产区人员完成，严禁司机下车；如运输车无须进入生产区，则安排专人卸料。

## 第五节　病死猪运输车

病死猪无害化处理是畜禽养殖生物安全防控关键环节之一，是防止动物疫病扩散、有效控制和扑灭动物疫情、防止病原体扩散的重要举措和最有效方法。针对病死猪无害化处理运输车辆安全的有效管理可以有效规避动物卫生安全事件的发生。病死猪的运输过程需要密切注意病料（或病原）的外界接触和残存两个环节。在交接病死猪时，避免病死猪运输车辆与外部车辆的接触，防止病原的接触传播。病死猪运输完毕后，车辆须及时清洗、消毒及干燥，进行疫病病原检测。同时，对车辆所经过的道路进行消毒处理。有条件的，可建立病死动物无害化处理运输车辆监控管理系统，提高病死动物无害化处理工作效率、降低劳动成本和保障公共卫生安全。

## 第六节　猪粪运输车

猪粪是还田利用的有机肥来源，同时也是大量病原微生物的携带者。猪粪的运输施行专用车辆运输。猪粪运输过程中，需要严格控制运输路线、粪便散落和运输环节的病原扩散传播。运输结束后，车辆须及时清洗、消毒及干燥，并消毒车辆所经过的道路。

# 第七节　车辆的洗消管理

## 生猪运输车

生猪运输车进入洗消地点，应严格执行整车洗消六步骤：初次清洗→泡沫浸润→二次清洗→沥水干燥→消毒→烘干，重点处理车轮和底盘。在车辆完成洗消六步骤后，需对车辆和司机进行相关采样检测，检测结果出现阳性的，必须重新进行洗消处理，确保检测结果为阴性后方可开往指定区域。（见图5-1）

**1. 初次清洗：**按照从上到下、从前到后的顺序清除车厢上的猪粪、锯末等污物。用低压水枪淋湿车厢及外表面，浸润10~15分钟。按照从前到后的顺序对底盘进行清洗。按照先

图5-1　车辆洗消处理

内后外、先上后下、从前到后的顺序高压冲洗车辆。注意刷洗车顶角、栏杆及温度感应器等死角。

**2. 泡沫浸润：**对全车喷洒泡沫，全覆盖泡沫浸润15分钟。

**3. 二次清洗：**再次按照从内到外、从上到下、从前到后的顺序高压冲洗车辆。

**4. 沥水干燥：**车辆清洗完毕后，进行沥水干燥或风筒吹干，必要时采用暖风机保证干燥效果。确保车辆内外无泥沙、猪粪和猪毛，否则重洗。

**5. 消毒：**使用消毒剂对全车进行消毒，静置作用10～15分钟。

**6. 烘干：**司机淋浴、换衣及换鞋后，按规定路线进入洗车房提取车辆，驶入烘干房。烘干房需密闭性良好，车辆经60～65℃烘干60分钟或70℃烘干30分钟。烘干后的车辆停放在净区停车场。

## 非运猪车辆

非运猪车辆进入洗消点，严格执行“清洗→静置→消毒”这三个环节，车辆清洗以无明显污垢为准。车辆清洗干净后，静置5分钟再喷洒消毒剂消毒，消毒剂保持湿润10分钟以上。消毒剂现配现用，如遇雨天，消毒剂浓度要加大。车辆沥干要无明显积水。洗消时保证车辆作业单向流动，避免逆行及交叉污染。

# 第六章 物资管理

猪场物资主要包括生活食材、兽药疫苗、饲料、生活物资、设备以及其他物资等。有条件的可建服务中心，所有物资需先运输到服务中心处理。服务中心包括物质中转仓库、消毒（烘干）中心、物资消毒间、各级仓库及内部消毒间等。

猪场采购所有的物资首先被运输至物资中转仓库，进行物资产品质量和病原的抽样检测。检测合格后方可由专车运送至消毒（烘干）中心，进行表面消毒或烘干。除去物资外包装后，进入场区大门消毒间消毒处理，可以浸泡处理的物资优先浸泡（10℃以上）处理，不能浸泡处理的，实行高温烘干消毒

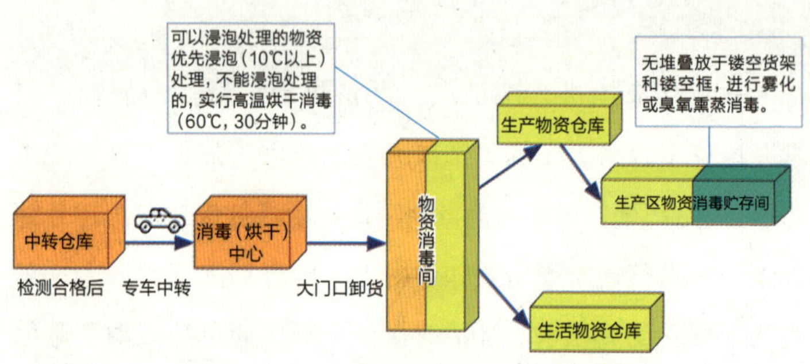


图6-1 物资消毒处理示意图

图6-2　物资消毒管理

（60℃，30分钟）。大件或不方便送至消毒间的物品需使用擦拭消毒后，放在太阳下暴晒48小时或用彩条布包裹密封熏蒸。经过消毒处理后，分别转运至生产物资仓库和生活物资仓库，登记入库，堆放于镂空货架和镂空框。运送至生产物资仓库的物品进行雾化或臭氧熏蒸消毒后方可进入生产区物资消毒贮存间贮存或使用。（见图6-1、图6-2）

## 第一节　食材管理

禁止任何人直接从外部采购任何食品，有条件的猪场可在服务中心设置中央厨房，统一配送干货、熟食、新鲜蔬菜和水果。食材的生产和流通背景要清晰、可控、可追溯，无病原污染。蔬菜和瓜果类食材无泥土、无烂叶，禽类和鱼类食材无血水。

干货在服务中心进行消毒后，使用经消毒处理的洁净袋进行包装后再配送至猪场。熟食由中央厨房做好后，通过密封车辆配送至猪场，在猪场门口通过转接倾倒方式转入猪场食堂。

## 第二节　兽药疫苗管理

### 进场消毒

兽药疫苗按猪场要求定期配发，减少频次，原则上每月一次。疫苗到场后，要对外包装进行喷雾或浸泡消毒，再去除内外包装（纸箱或泡沫箱，仅留疫苗瓶），浸泡消毒30秒，在大门口消毒室更换专用箱后中转到生产区的疫苗储存专用仓库。其他常规药品，拆掉外层包装，经浸泡消毒或熏蒸消毒后，转入生产区药房储存。

### 使用和后续处理

严格按照说明书或规程使用疫苗及药品，做到一猪一针头，及时对疫苗瓶等医疗废弃物实施无害化处理。

## 第三节　饲料管理

保证饲料无病原污染。将袋装饲料中转至场内运输车辆，再运送至饲料仓库，经臭氧或熏蒸消毒后再使用。所有饲料包装袋均与消毒剂充分接触。散装饲料运输车在场区外围卸料，降低疫病传入风险。

猪场自行配制饲料的，应当利用自有设施设备，且仅供本场猪只使用。自配料不得对外提供，不得以代加工、租赁设施设备以及其他方式对外提供配制服务。

生产自配料应当遵守农业农村部公布的有关饲料原料和饲料添加剂的限制性使用规定，除当地有传统使用习惯的天然植物原料（不包括药用植物）及农副产品外，不得使用农业农村部公布的《饲料原料目录》《饲料添加剂品种目录》以外的原料和添加剂自行配制饲料。

生产自配料所需的单一饲料、饲料添加剂、混合型饲料添加剂、添加剂预混合饲料和浓缩饲料，均应是具备资质的饲料生产企业生产的合格产品，并按其产品使用说明和注意事项使用。

生产自配料时，不得添加除农业农村部允许在商品饲料中使用的抗球虫和中药类药物以外的兽药。因藏猪发生疫病，需要通过混饲给药方式使用兽药的，要严格按照兽药使用规定及法定兽药质量标准、标签和说明书购买和使用，兽用处方药必须凭执业兽医处方购买。含有兽药的自配料要单独存放并加标识，要建立用药记录制度，严格执行休药期制度。

自配料原料、半成品、成品等，应当与农药、化肥、化工有毒产品以及有可能影响饲料产品安全和猪只健康的其他物品分开存放，并采取有效措施避免交叉污染。

## 第四节　生活物资、设备及其他物资管理

集中批量采购的生活物资，经臭氧或熏蒸等消毒处理后方可入场，减少购买和入场频次。

风机、钢筋等可以浸润或喷洒的设备，经消毒剂浸润表面、干燥后才能入场。水帘、空气过滤网等不宜浸润的设备，经臭氧或熏蒸消毒后才能入场。

五金、防护用品及耗材等其他物资，拆掉外包装后，根据不同材质进行消毒剂浸润、臭氧或熏蒸消毒后，再转入库房。

# 第七章　卫生与消毒

## 第一节　场区外环境控制

对猪场外围及主干道路、猪场门口、出猪台进行生物安全管控。场区外建实体围墙或者铁皮围墙，做挡鼠设计，铺防鼠带。日常进行巡逻、消毒管理。

### 猪场外围及主干道路

猪场外围要安装铁皮挡鼠板，墙体至少1.5米高，直型挡鼠板要求80厘米宽，直角挡鼠板垂直墙体阻断鼠类攀爬的部分至少30厘米宽，石渣防鼠带10厘米厚、80厘米宽，或者墙根至少硬化50厘米宽。进猪场主干道路，从猪栏到外控道路，用20%生石灰水消毒，围墙外围撒2米宽的石灰带（尽可能宽），防止鼠类在猪场周边活动。

### 猪场门口

**1. 门口外围墙：**墙角铺设防鼠带，防止老鼠打洞进入围墙。围墙、墙根无孔、缝、洞、杂草、杂物、树木，具备防

图7-1　大门消毒池

鼠和防其他爬行动物的功能。

**2. 设置消毒池：**水深12～15厘米，配置2%氢氧化钠溶液消毒水，设挡雨棚和雨水排水沟，消毒液每周更换1次。（见图7-1）

**3. 大门口区域、道路：**每天清洗1次，每周进行1次消毒，关键区域要安装摄像头，实时监控人员、车辆、物品的进出是否符合生物安全防控规范。

**4. 安保管理：**在安保的活动范围要安装挡鼠板，防止鼠类进入。安保人员只在该区域活动，负责对该区域车辆洗消和人员、物资进场的监督。安保人员单独住宿，不在隔离区、生活区住宿。安保室、消毒室每天拖地消毒1次或清洁地面后喷洒消毒液消毒。

**5. 大门消毒间管理：** 大门口的消毒间需分成2~3间（进场人员小物品消毒间、进场物资浸泡间/熏蒸消毒间、食堂物资浸泡间/熏蒸消毒间各1间），全进全出，消毒间的两道门不能同时打开。确保消毒间的密闭性，并配备镂空式货架。配备浸泡桶、水龙头、排水口，浸泡间净区与污区做物理隔断。消毒间每天晚上用紫外线灯消毒2小时，每2周熏蒸消毒1次，用过氧乙酸（1克/米$^3$）、戊二醛（5毫升/米$^3$）等进行2小时熏蒸消毒处理。（见图7–2）

另外，工作人员做好到场人员、车辆和物品的消毒记录。

图7–2 猪场喷雾消毒室

## 第二节　外生活区、生活区的卫生与消毒

外生活区要设置人员隔离区，配置隔离区淋浴间、隔离间、物品消毒间、物资仓库。厨房及餐厅净污分区管理。

生活区配置生产区餐厅、生产区宿舍。非生产区人员与生产区人员分开住宿。定期进行灭鼠、灭虫、消毒管理。

### 隔离宿舍

人员进入猪场隔离区宿舍前必须淋浴。随身携带的物品经消毒后，才能带入隔离区。从隔离区进入生活区前，生活用品和住宿房间均需要进行清洁消毒。人员每次隔离完毕后，安排专人收拾隔离宿舍相关物品。

隔离区要安装挡鼠板，做好防鼠措施，每月至少进行1次灭鼠。宿舍每日拖地消毒，公共活动区域每周至少消毒1次。

### 厨　房

厨房必须配备给餐具消毒的设施，接菜容器在每次接菜前必须经过蒸汽或高温消毒，禁止做任何形式的凉拌菜（含蘸酱菜、凉拌卤肉等）。工作人员操作前必须洗手消毒。

厨房每天做好防鼠防蚊蝇措施，窗户装好防蚊蝇网，下水道安装好防鼠网，门和吊顶做好密封。

厨房工作人员进出厨房要更换工作服、工作靴，其他人员禁止进入厨房。

## 餐　厅

送餐车、保温箱或塑料框每天消毒，设置专门的传菜通道。厨师通过倾倒转接的方式，将厨房炒好的菜倒入生活区餐厅盛菜盆中，倾倒转接过程中，菜盆之间禁止直接接触。所有剩饭剩菜禁止私下给其他人员，需通过传递口传递给外围人员进行无害化处理。餐厅必须配备给餐具消毒的设施，接菜容器在每次接菜前必须经过蒸汽或高温消毒。工作人员需每天对餐厅进行消毒。

## 生活区宿舍

非生产区人员与生产区人员分开住宿，宿舍区、公共活动区域每周至少消毒1次。

生活区人员禁止随意到大门口、隔离区域活动。生活区、生产区专用电工包及工具严禁交叉使用。

每月至少进行1次灭鼠工作，做好灭鼠记录。每周进行1次灭蚊蝇、蟑螂工作，做好相关记录。

生活垃圾实行分类，统一存放处理，防止老鼠、苍蝇滋生。

# 第三节　生产区环境卫生与消毒

生产区环境卫生管理包括生产区淋浴室、物资消毒间、人员和猪群管理、无害化处理、饮水卫生及消毒、生产和场内管理。

进入生产区的人员必须严格执行淋浴制度。进入生产区的物资必须严格执行消毒制度。生产人员必须严格遵守猪场安全生产制度，服从管理，禁止走出连廊外。每栋栏舍门前配有脚踏消毒池（桶）、洗手消毒盆、消毒剂。连廊内通道的地板必须硬化，经常检查，定期做防鼠灭蚊工作。

## 生产区一般要求

风机和水帘须增加防鼠网，安排人员定期检查连廊，并做好记录。各类防护通道及墙壁完好（下水道、出风口、通风道、污水沟、粪沟等全部要加装粗细不同的铁网、钢丝网，墙壁、门缝、窗户天花板堵洞，防止鼠类进入）。将生产区、内围墙至外围墙之间的树木等植物全部清除，清理后的地面铺黑膜、石渣。定期清理长出的树木，喷除草剂除草。定期灭鼠（每月至少1次），在老鼠出没的位置安装电猫。及时灭蚊蝇。每周对连廊内部道路消毒2次。

## 生产区淋浴室卫生与消毒

人员进出执行洗消制度（进入生产区和返回生活区，均需要淋浴消毒）。衣服必须每天更换，浸泡消毒，清洗干净后烘干。

防滑垫使用3色分开管理（如红、黄、绿）。每周用消毒水冲洗防滑垫。

淋浴室淋浴区禁止放置毛巾，毛巾要放置在污区衣柜和净区衣柜中（颜色区分管理），每天统一进行清洗消毒。

## 生产区物资间卫生与消毒

生产区配备2～3间物资消毒间。物品消毒需全进全出，消毒后至少静置24小时才能启用。消毒间不使用时一定要及时关门，防止鼠类、苍蝇进入。消毒间必须保持良好的密闭性，其中需要配备镂空式货架，用以摆放物资。

## 生产区人员卫生管理

正常情况下，人员严禁在生产区用餐，严禁私自携带食品进入生产区。在生产区隔离的人员，由专人统一配送饭菜，餐具必须经过消毒。

各栋舍要有明确的划分标识，各栋舍人员不得随意串岗，专人专岗，常用生产工具等禁止交叉使用。人员进出要洗手消毒，脚踩消毒水，换上栋舍内的专用鞋（分颜色管理）。

巡栏及对猪只的治疗、注射工作由栋舍内人员完成，注意器械消毒，防止人为扩散病原。

## 圈舍卫生与清洗消毒

对栏舍内部屋顶、过道、墙体、隔栅、舍内设施等进行全面喷雾消毒。一是注意断电：关掉栏舍总电闸，高压冲洗机所使用电源由外部直接拉线接入，并接有漏电开关。二是保护电器：使用消毒水浸泡过的毛巾擦拭插排、灯座等，之后用消毒好的塑料袋或者薄膜包裹电器设备，防止水渗入电器造成损失；待最后一轮洗消完毕后，方可拆开包裹电器设备的包装，进行熏蒸消毒。三是规范排放：堵住出粪口、污水排放口，待洗消完成后，用抽水机将污水抽出栏舍或从出粪口直接引流出来，切忌直接排放到化粪池。

洗消人员要做好防护，穿工作靴，戴手套、口罩、护目镜和帽子，以不暴露皮肤为原则。

**1. 洗消前准备：** 准备高压冲洗机、清洁剂、消毒剂、抹布及钢丝球等设备和物品，猪只转出后立即对栏舍进行清洗、消毒。

**2. 物品消毒：** 对可移出栏舍的物品，移出后进行清洗、消毒。栏舍熏蒸消毒前，要将移出物品放回舍内并安装好。

**3. 水线消毒：** 放空留存在水箱、主水管、支水管、水龙头、饮水设备等供水系统中的水，在水箱内加入温和、无腐蚀性的消毒剂，充满整条水线并作用有效时间。

**4. 栏舍除杂：** 清除粪便、饲料等固体污物；用热水打湿栏舍并浸润1小时，持高压水枪冲洗，确保无粪渣、料块和可

见污物。

**5. 栏舍清洁：** 低压喷洒清洁剂，确保覆盖栏舍所有区域，浸润30分钟，再用高压水枪冲洗。必要时使用钢丝球或刷子擦洗，确保祛除表面生物膜。

**6. 栏舍消毒：** 清洁后，使用不同消毒剂对栏舍分别进行2次消毒，2次之间间隔12小时以上。确保消毒剂覆盖栏舍所有区域并作用有效时间，使用风机干燥。

**7. 栏舍白化：** 必要时使用石灰浆白化消毒，避免遗漏角落、缝隙。

**8. 熏蒸和干燥：** 消毒干燥后，对栏舍进行熏蒸。熏蒸时栏舍充分密封并作用有效时间，熏蒸后空栏通风36小时以上。

### 赶猪通道清洗与消毒

**1. 清洗与消毒：** 与栏舍清洗消毒步骤一致，避免使用高压水枪清洗。

**2. 火焰消毒：** 进猪前，用火焰喷枪对赶猪通道从里向外、从上到下消毒。

## 第四节　饮水卫生消毒

饮水每半个月送检1次，检查病原。病原检查的取水点为出水点、饮水点。藏猪的饮水需符合《无公害食品 畜禽饮用水水质》（NY 5027—2008）规定的标准。饮用水可采用漂白粉（20克/1000千克）消毒处理。目前，养殖场常用的消毒法是使用氯制剂、酸化剂和含过氧化氢成分的化学消毒剂进行饮水消毒。消毒剂的添加应施行逐级扩大添加，严禁直接在水罐中加入，防止混合不均匀。水罐在生产区外围的，由生产区外围指定人员对饮水添加消毒剂；水罐在生产区内的，应安排不进生产舍的人员添加消毒剂，若需要进出连廊时，人员需要淋浴、更衣、消毒。

消毒剂的选取，可参考《中小养猪场户非洲猪瘟防控技术要点》推荐的药品。

## 第五节 工作服和工作靴清洗消毒

猪场可采用“颜色管理”，不同区域使用不同颜色、标识的工作服，并在场区内活动遵循单向流动的原则。

人员离开生产区，将工作服放入指定收纳桶，先浸泡消毒一定的时间，再清洗、烘干。

生产区工作服每日消毒、清洗。在发病栏舍工作的人员，穿该栏舍专用工作服和工作靴，在栏舍内消毒、清洗。

进出生产单元应更换工作靴和工作服。

# 第六节　设备和工具清洗消毒

栏舍内非一次性设备和工具需经清洗消毒后使用。设备和工具专舍专用，如需跨舍共用，须经充分清洗消毒后使用。根据物品材质选择高压蒸汽、煮沸、消毒剂浸润、熏蒸等方式消毒。

## 栏舍物品和工具消毒

栏舍中的物品和工具，不能回收再使用的，需集中焚烧处理；能回收再次使用的（如铁铲等），可用利用消毒池进行浸泡消毒，或者利用彩条布包裹进行熏蒸消毒。

## 漏缝板清洗消毒

使用高压清洗机对漏缝板底部进行清洗。清洗完毕晾干后，喷洒消毒液进行消毒处理。

## 附属设备消毒

**1. 水帘消毒：**在水帘池中加入消毒剂，浸泡2小时以上。

**2. 水塔消毒：**在水塔中加入漂白粉（20克/1000千克），至少浸泡1小时。

**3. 料塔消毒：**清空后进行熏蒸消毒。

# 第八章
# 病死猪与污物无害化处理

## 第一节　病死猪无害化处理

猪场按照《病死及病害动物无害化处理技术规范》等相关技术规范配备场内无害化处理设施设备，进行场内无害化处理。没有条件进行场内处理或不能进行场内处理的，需由当地有关单位统一收集进行无害化处理。如无法当日处理的，场区外污染处理区应设立低温无害化暂存间，将病死猪低温暂存。

猪场内病死猪每次转运前及转运结束，应对转运道路、转运工具和设备、个人防护用品等按规定的消毒流程进行消毒。猪场内应实行净道和污道分离，净、污道做严格分区管理，场内转运病死猪应通过污道处理。猪场饲养人员应先淋浴、更衣，再进舍查看病死猪的情况，将病死猪转运至猪舍外净、污道分区处；若返回猪舍，则重新沐浴、更衣。污道区处理人员按照采样规范，先对病死猪进行口鼻或肛拭子采样，必要时采集腹股沟淋巴结确诊其死因。

如检测结果呈重大猪疫病阳性，病死猪必须转移至场

外指定位置，避免污染场区。操作人员全程穿戴隔离服和手套，使用专门密闭转运车将套袋后的病死猪转运至指定位置，并通知场外无害化处理专员驾驶专门车辆将病死猪运至无害化处理场所进行处理。期间，场内转运人员、场外运输人员、转运车辆严禁交叉接触。处理完毕后，各转运人员对行走道路、转运工具等按消毒流程进行严格消毒，一次性防护用品直接进行无害化处理。未经消毒的人员、车辆、工具严禁返回场区内。

## 第二节　粪便无害化处理

粪便无害化处理工作，按照《畜禽粪便无害化处理技术规范》（GB/T 36195—2018）执行。

对于使用干清粪工艺的猪场，要达到雨污分离。使用自动机械干清粪的猪场，应每天2次及时将粪便清出，运至粪场或直接运至有机肥发酵罐等处发酵，不可与尿液、污水混合排出。采用人工干清粪的猪场，清粪人员与转运人员要严格分工，不与饲养人员直接接触；粪便转运至暂存场所，暂存场所需每天清理、消毒；清粪工具、转运车等每次转运前后要清洗、消毒。

对于使用水泡粪工艺的猪场，分娩舍、保育舍及育肥舍等全进全出的单元每批次均要清洗、消毒、烘干。

猪场设置的贮粪场所，应位于下风向或侧风向，尽量靠近围墙或斜坡。应指定专人管理猪粪中转处理，达到与生产区实体围墙隔离。贮粪场必须具备防雨、防渗、防溢流措施，避免污染地下水。在收集粪便的过程中，应采取防遗撒、防渗漏等措施。场外猪粪车要可控，通过中转方式拉走猪粪的，每周指定专人将暂存粪便转运到堆肥发酵场所或发酵罐进行无害化发酵处理，确保场外猪粪车不进场，场内猪粪车与场外猪粪车无交叉。工作结束后，要对所经道路彻底消毒，对贮粪场进行全面清理、消毒。

## 第三节　污水处理

猪场应具备雨污分流设施，确保排污管道通畅。猪场污水属高浓度有机污水，悬浮物和氨、氮含量高，且含有大量的病原微生物，必须经过厌氧发酵、耗氧发酵、絮凝沉淀、氧化塘氧化存贮、滤膜过滤等综合处理后，进行农田消纳或者达标排放，严禁未经处理直接排放。

# 第四节　医疗废弃物处理

对过期的兽药疫苗和用过的针管、针头、药瓶、疫苗瓶，以及防疫治疗过程中产生的其他废弃物等，须放入由固定材料制成的防刺破安全收集容器内，同时张贴生物危险标志，不得与生活垃圾混装，严禁重复使用和随意丢弃。定点存放医疗废弃物，可根据国家法律法规和相关技术规范，按废弃物的性质进行分类处理（煮沸、焚烧、消毒后集中深埋等）；或在粪污处理区设立医疗废弃物暂存点，中转至场外，交由有医疗废弃物处理资质的专业机构统一收集处理。医疗废弃物处理要减少处理频次，并予以严密监控。（见图8-1）

图8-1　生物危险标志

## 第五节 餐厨垃圾处理

餐厨垃圾要每日清理。生产区域外的垃圾，经收集运至猪场垃圾处理地点进行处理；生产区域内的垃圾，经收集由专用车辆运至场内进行无害化处理，或集中收集同上处理。严禁将餐厨垃圾饲喂猪只或随意丢弃，场内外处理人员、工具等要严格分开。

## 第六节 其他生活垃圾处理

对生活垃圾源头要减量，严格限制不可回收或会对环境产生高风险的生活物品进入，最大程度降低不可回收生活垃圾产生量。场内设置垃圾固定收集点，明确标识，分类放置。垃圾收集、贮存、运输及处置等过程须防扬散、流失及渗漏。要按照国家相关法律法规及技术规范，对生活垃圾进行焚烧、深埋，或交当地有关单位统一收集和处理。场内外人员、工具、设备等严格分开。

# 第九章
# 制度管理与人员培训

## 第一节　生物安全制度管理

### 生物安全小组

猪场成立从事生物安全体系建设的生物安全小组，负责生物安全防控制度建立、督导措施的执行和现场检查。

### 制定规程

针对生物安全管理的各个环节，制定标准操作规程，并要求相关人员严格执行。将各项规程在适当地点张贴，让员工随时可见并方便获得。

### 登记制度

人员完成生物安全操作后，需对时间、内容及效果等详细记录并归档。

### 检查制度

制定生物安全逐级审查制度，对各个环节进行不定期抽检。可对执行结果进行打分评估。

### 奖惩制度

制定奖惩制度。对长期坚持规程操作的人员予以奖励，违反规程操作的人员予以处罚。

## 第二节　生产运维记录管理

### 建立记录制度

养殖场、洗消中心、饲料厂、无害化处理场所等生产单位，应严格按照生物安全防控流程进行操作，根据生物安全防控等级、关口、操作岗位等设置相应记录制度，记录方法包括表格、监控、执法记录仪等方式。所有记录及档案，都应按规定详细登记，并统一由生物安全小组监督管理，每周检查一次，加强对生物安全的监管。

### 记录可追溯

定期将各种记录归集并发送给各生产单位管理人员和生物安全小组，留待抽查、监督。

# 第三节　人员培训

猪场的每位员工，是生物安全规程执行和监督的首要责任人，必须通过系统的培训，建立高度的责任心和熟练的操作技能。猪场可通过岗前集中培训、网络学习、现场授课、实操演练等形式开展培训，并对员工进行考核，检验培训效果。

## 制定培训计划

猪场制订系统的员工培训计划。新入职的工作人员，必须经过系统的生物安全培训；有经验的工作人员，需持续学习，提高生物安全意识和技能，确保生物安全规程切实执行，落实到位。

## 理论培训

猪场应重视员工理论知识的学习，由经验丰富的兽医对疫病知识、猪群管理、生物安全原则和操作规范等多个方面进行系统培训，提高员工生物安全意识。

## 实操培训

定期组织员工开展生物安全实操和应急演练，按照标准流程和规程进行操作，及时纠偏改错，确保各项程序规范执行到位。

## 执行能力考核

对完成系统培训的员工，进行书面考试和现场实操考核，每位员工均应通过相应的生物安全考核。

# 第十章
# 从业人员动物防疫行为规范

从事藏猪保险理赔、繁殖育种、免疫接种、兽医诊疗等工作的人员，可能会携带非洲猪瘟病毒、猪瘟病毒、猪蓝耳病毒等，是传播疫情的重要途径。在生产实践中，藏猪产业相关人员必须具备动物疫病防疫意识，严格遵守动物疫病防疫行为规范。

## 第一节　保险理赔人员行为规范

保险理赔人员要自觉学习非洲猪瘟等动物疫病传播途径相关知识，牢固树立生物安全防护意识，自觉遵守动物防疫法律法规和生物安全规定。

保险理赔人员出险时，应对所乘车辆进行清洗、消毒，且不得驶入藏猪养殖场生产区。

尽可能在指定地点或通过视频等方式进行现场勘验，尽可能避免进入藏猪饲养区，避免直接接触病死猪及其血液、分泌物、排泄物等污物。

进入病死猪圈舍进行现场勘验前，应穿戴防护服、手套、口罩等，换工作靴。

勘验结束后，应将防护服、手套、口罩等放置在指定地点进行无害化处理。确保每到一个场点更换一次防护用品。

离开勘验现场前，应用消毒液洗手，清洗鞋底并消毒。驶离每一个理赔点时，应对所乘车辆的轮胎进行清洗、消毒。

驶离怀疑发生非洲猪瘟等重大疫病的场点时，应对车辆进行清洗、消毒，人员应淋浴、更换洁净衣物和鞋帽，对原穿戴的衣物、鞋帽进行清洗、消毒处理，并对相机、手机等随身携带物品进行消毒处理。当天不宜进入下一个出险现场。

## 第二节　配种人员行为规范

配种人员要自觉学习非洲猪瘟等动物疫病传播途径知识，牢固树立生物安全防护意识，自觉遵守动物防疫法律法规和生物安全规定。

提供精液的生产公猪应经过非洲猪瘟等病毒核酸检测，结果为阴性的方可采精使用。

配种人员如驾车前往养殖场户，应先对所乘车辆进行清洗、消毒，且不得驶入藏猪养殖场生产区。

配种人员入场前，应先淋浴（有条件时），然后更换洁净工作服和鞋帽，穿戴防护服、口罩、手套等，更换工作靴。每到不同场户工作，都应确保更换防护用品。

对精液瓶外部、输精器等外包装进行消毒，避免精液污染风险。

使用一次性猪用输精器，避免交叉感染。

配种人员每次操作完成，应洗手消毒或更换手套。

结束作业后，应脱下防护服等防护用品，进行清洗、消毒或无害化处理，并进行淋浴（有条件时）或对手臂、鞋底等清洗消毒后方可离开。驶离养殖场户时，尽可能对所乘车辆轮胎进行清洗、消毒。

发现母猪或猪群异常的，应暂停作业，立即按规定上报。怀疑发生非洲猪瘟等动物疫病感染的，应对所乘车辆进行清洗、消毒；应淋浴、更换洁净衣物和鞋帽，并对原穿戴的衣物、鞋帽进行清洗、消毒处理。工作场所如确诊发生非洲猪瘟等疫情的，该配种人员14日内不得进入其他养殖场所。

## 第三节　兽药、饲料销售人员行为规范

兽药、饲料销售人员要自觉学习非洲猪瘟等动物疫病传播途径相关知识，牢固树立生物安全防护意识，自觉遵守动

物防疫法律法规和生物安全规定。

开展兽药、饲料经营活动应严格遵守《兽药经营质量管理规范》等规定，确保场所和设施符合要求，并配备必要的清洗、消毒设施，定期对经营场所进行消毒。

向养殖场户提供咨询服务时，尽量通过实时视频聊天工具，减少一切非必需的进场入户服务。所在地区发生疫情期间，禁止开展进场入户服务，减少一切非必需的拜访活动。

接送货和来访车辆，应停靠在指定区域，抵达和驶离时应对轮胎进行消毒处理。对来访人员，特别是前来咨询的养殖人员，应告知其污染风险，他们到达或离开时，都应做好手部和鞋底的消毒工作。

向养殖场户送货时，应对送货车辆进行清洗、消毒，不得驶入养殖生产区域；到达目的地交货时，应穿戴鞋套，尽可能减少或避免与饲养人员的直接接触；离开交货地点返回车辆时，应脱下鞋套进行妥善处理，对车辆轮胎和鞋底进行消毒后，方可离开。

怀疑服务对象发生非洲猪瘟等动物疫情的，应当及时报告当地兽医部门。有接触的人员，应对所经场所进行清洗、消毒，对相关物品进行清洗、消毒甚至无害化处理；个人要淋浴并更换衣物，14日内不得进入生猪饲养场所。

## 第四节　动物诊疗人员行为规范

动物诊疗人员在遵守动物防疫法律法规、贯彻执行非洲猪瘟等重大动物疫病防控政策方面，应起到模范带头作用。

从事动物诊疗活动应取得国家规定的相应资格证书。严格遵守《动物诊疗机构管理办法》规定，确保诊疗场所和设施符合要求，具有完善的诊疗服务、疫情报告、卫生消毒、兽药处方、药物和无害化处理等管理制度。

如需进场入户开展诊疗服务，应备好生物安全防护所需用品，确保携带的物品洁净无污染且包装良好；所驾驶的车辆应进行彻底清洗、消毒，后备厢等放置物品的区域，应铺设塑料布，防止相关物品污染车厢。车辆不得驶入生产区。

开展诊疗服务活动时，应穿戴好防护服、手套、口罩、鞋套等，尽量少携带无关物品，移动电话等电子设备应放置在密封的塑料袋中，便于清洁、消毒。每到不同场户开展工作，都应更换防护用品。

工作结束，应按规定做好相关物品、生物安全防护用品和医疗废弃物的整理、清洗、消毒工作。对可重复使用的物品，须彻底消毒；现场不具备条件的，应用防渗漏的容器或塑料包装袋装好，做表面消毒处理；对一次性用品和医疗废弃物，应集中进行无害化处理。对诊疗过程中可能污染的环境进行彻底消毒。

怀疑诊疗场所发生传染性疫病时，应当及时报告当地兽医部门，不得擅自对动物进行治疗和解剖，同时要采取隔离等控制措施。对所乘车辆应进行清洗、消毒；在淋浴、更换洁净衣物和鞋帽后，对原穿戴的衣物、鞋帽应进行清洗、消毒处理。

# 第十一章
# 规模化藏猪场免疫预防

免疫预防，是依据免疫学理论，用免疫接种的方法，对疫病产生相应的特异性免疫力，从而增强机体对传染病的抵抗力，预防相应传染病的发生和流行。接种疫（菌）苗的动物在免疫期内可抵抗强毒的感染和攻击，免疫保护力应以保护亚临床感染为标准，即不产生带毒感染（即潜伏感染或隐形感染）和持续感染。保护率如果高于80%，疫病就不会流行。目前，免疫预防是控制猪传染病最可靠的措施。

## 第一节　疫苗概念

动物用的疫苗是用微生物（细菌、病毒、支原体、衣原体、钩端螺旋体等）的代谢产物、原虫、动物血液或组织等经加工制成的作为预防、治疗特定传染病或其他相关疫病的生物制剂。

疫苗分为死疫苗和活疫苗。死疫苗又称灭活苗，是选用免疫原性强的微生物标准株经大量培养后，用物理或化学方法将其杀死或灭活而制成的预防制剂。活疫苗是用人工定向变异或从自然界筛选获得的毒力强度减弱或基本无毒的病原微生物制成的预防制剂。

储存温度的高低是影响疫苗质量的关键，是决定免疫成败的重要因素之一。疫苗应低温保存及运输，冻干苗适宜温度为0～20℃；油乳剂苗和铝胶剂疫苗则要避免冻结，适宜温度为2～8℃。疫苗要由专人保管，分类存放。

疫苗的运输环节重在疫苗的冷链管理，疫苗运输方式必须严格按照说明书要求进行。

## 第二节　免疫接种操作技术

### 接种方法

**1. 皮下注射：** 皮下注射是将疫苗注入皮下组织后，经毛细血管吸收进入血液，通过血液循环到达淋巴组织，从而产生免疫反应。皮下注射是目前使用较多的一种方法。

**2. 肌肉注射：** 肌肉注射是将疫苗注射于肌肉内。注射器针头要足够长，保证疫苗确实注入肌肉内。

**3. 滴鼻接种：** 滴鼻接种属于黏膜免疫的一种，目前使用比较广泛的是猪伪狂犬病基因缺失疫苗的滴鼻接种。

**4. 气管内注射和肺内注射：** 主要用于猪喘气病。

**5. 穴位注射：** 预防腹泻疫苗多采用后海穴注射。

## 接种准备

**1. 技术人员把关：** 接种前，兽医人员对被接种猪群的健康情况及有无疫病流行做认真检查，确保被免疫猪只必须是健康的。

**2. 疫苗检查：** 核对本次疫苗种类，尽量减少影响免疫效果的因素。疫苗开封后24小时内用完。

**3. 无菌操作：** 免疫器具须严格消毒。注射器以煮沸消毒为主，刻度要清晰，不滑杆、不漏液。

**4. 疫苗稀释：** 稀释液要符合要求，最好用厂家专用稀释液，无菌操作。

**5. 预测试验：** 在新购入大批量疫苗，进行大批量注射前必须做好预测试验。一般可在接种猪群中选10头左右进行预测试验。

## 接种操作

在给猪注射疫苗时，必须先用碘酊擦拭，再用酒精脱碘对注射部位进行消毒。疫苗注射严禁“打飞针”，严禁一支注射针头一直用到底。

采用肌肉注射时，母猪、后备母猪和公猪最好采用16号针头，其他的根据猪只大小选择。采用皮下注射时，一般采用较短的18号或19号针头，长度为1～3厘米，注射部位为耳后凹陷处。

饲养人员在接种的同时，应随时观察猪群是否有过敏反应，如有过敏反应，用0.1%肾上腺素和地塞米松等救治。

废弃的疫苗必须进行无害化处理。活疫苗须经高温熏蒸或火烧后集中处理；灭活疫苗可采取深埋的办法。

## 接种档案建立

免疫接种后要及时做好免疫记录，并由相关人员签字后存档。

## 接种后监测

疫苗接种后监测是制定免疫计划的依据，定期做好免疫接种是控制集约化养殖场疫病流行的重要措施。猪群注射疫苗后15～20天采血做抗体监测，依据监测结果进行免疫效果分析，并决定是否进行强化免疫。

## 禁忌事项

猪群处于良好的健康状况下才能确保疫苗免疫成功。对有疫情、疫病或有临床症状的猪，无论症状严重与否，均应推迟免疫时间，待恢复健康后再进行免疫。气候突变前后，

特别是入冬前应做好如猪瘟、口蹄疫、猪肺疫等重大疫病免疫。

在藏猪仔猪断奶、转群、引种到场7天之内，严禁免疫接种。藏猪去势阉割前后7天内严禁免疫接种。妊娠母猪产前和产后10天内严禁免疫接种。

在使用弱毒疫苗前后10天内，严禁在饮水或饲料中使用抗病毒药物或消毒药物。注射活疫苗后5天内，严禁使用抗生素。

注射疫苗后4～7天，严禁注射其他疫苗。严禁随意改变疫苗标定的接种途径，也不要将疫苗随意混合在一起接种。

# 第十二章 猪传染病的治疗

## 第一节 治疗原则

### 基本原则

遵循动物生理性、个体性、综合性和主动性等基本原理，同时又应以动物体与外界环境的统一性、动物体内部的完整性及神经系统的主导性作用为基础。

遵循兽医临床治疗学实施的基本原理，充分调动、促进患病动物体的抵抗力和生理防御机能，消除病因或病原，即由病理状态恢复至正常生理状态。

考虑经济价值。当确认患病猪无法治愈或所用医疗费超过病猪愈后的价值时，可不进行治疗而宰杀淘汰。

对传染病的治疗，特别是流行性强、危害严重的传染病，必须在严密隔离情况下进行，不得使病猪成为散播病原的传染源。

## 第二节　药物选择和疗程

### 药物选择原则

选用效果好、廉价和投药方便的药物；避免长期使用同一类药物，否则易产生耐药性；应选用长效药物，减少投药次数，以节省时间和成本，并考虑毒性低、副作用小的药物；使用抗生素时，应选用有效的抗生素，避免二次使用具有交叉抗药性的药物；未确定病因，不要滥用抗生素；注意药物联合应用的配伍禁忌，以便提高疗效。

### 用药疗程

用药剂量和疗程须根据药物的特性和猪的生理病理状态确定，确保剂量足够、时间合理，以达到治疗目的。

## 第三节　疫病治疗模式

猪传染病的治疗包括病因疗法和对症疗法两种。病因疗法包括免疫血清疗法、抑制或杀灭病原细菌的抗生素疗法以及抑制病毒增殖的干扰素疗法。对症疗法需辅以病因疗法。

## 病因疗法

### 1. 特异性高免血清疗法

应用特异性高免血清或病愈后的血清对病猪进行治疗的一种方法。这种方法适用于某些急性传染病，如猪瘟、猪丹毒、猪肺疫和破伤风等。

### 2. 细菌性传染病的抗生素治疗

抗生素作为细菌传染病的主要治疗药物，已在兽医临床实践中广泛使用，并取得了显著成效。常见的抗生素包括以下五类：

**（1）四环素类：**四环素、金霉素和土霉素三种为广谱抗生素，对多种革兰氏阳性菌和阴性菌有效，对猪附红细胞体的病原也有作用。

**（2）氨基糖苷类：**此类药物有链霉素、新霉素、卡那霉素和庆大霉素等，主要对革兰氏阴性菌有效，临床上多用于治疗肠道传染病。

**（3）B–内酰胺类：**毒性最小的抗菌药物，主要用于链球菌、葡萄球菌以及猪丹毒杆菌引起的疾病。

**（4）大环内酯类：**主要包括红霉素、螺旋霉素和泰乐菌素等，其中泰乐菌素抗菌谱广，主要对支原体有效。

**（5）磺胺类：**最早使用的一类化学合成抗菌药物，临床

上主要用于治疗呼吸道和消化道感染。

应用抗生素须注意的问题：（1）严格掌握各类抗生素的适应症，选择药物时，应全面考虑病猪的全身情况、临床症状、病原体的种类及对药物的敏感性等问题。（2）抗生素用量用法要适当，疗程应充足。首次剂量要大，以后再根据病情酌减用量。（3）不能滥用抗生素。对原因不明的发热病畜，除病情严重者外，不宜轻易采用抗生素治疗。（4）注意抗生素药物的配伍禁忌。有些抗生素联合使用可起协同作用，增强疗效，如青霉素与链霉素合用，土霉素与氯霉素合用。有些抗生素联合使用可产生拮抗作用，影响疗效，如青霉素与氯霉素合用，土霉素与链霉素合用。青霉素G钾、青霉素G钠不宜与四环素、土霉素、卡那霉素、庆大霉素、磺胺嘧啶钠注射液、碳酸氢钠、维生素C、维生素$B_1$、去甲肾上腺素、阿托品等混合使用。

## 对症疗法

对症疗法是直接或间接地支持动物机体的防御功能，增强动物机体与疾病斗争能力，起到对机体的调节和补充作用。

### 1. 以消化系统症状为主的疾病治疗

该类疾病有猪传染性胃肠炎、猪流行性腹泻、猪轮状病毒病、猪大肠杆菌病、猪副伤寒、猪痢疾、猪增生性肠炎等。临床治疗原则：在积极治疗原发病的基础上，加强对症治疗，即消炎补液、缓泻止泻和健胃消食。

对尚有饮食欲的病猪口服补液盐（葡萄糖20克、氯化钾1.5克、氯化钠3.5克、碳酸氢钠2.5克，加水1000毫升）进行补液，对严重脱水的病猪要皮下、静脉、腹腔输液。同时，使用阿托品、活性炭进行整肠止泻，缓泻药物有液状石蜡、植物油、硫酸钠和硫酸镁；止泻药物有鞣酸蛋白、次硝酸秘、泻立停、药用炭等；健胃消食药物有龙胆酊、胰酶、干酵母片、乳酸菌素片等。通过肌肉注射、拌料、补液中添加抗生素等措施防止继发感染。发生腹泻疾病时，要保证畜舍小环境温度。

### 2. 以呼吸系统症状为主的疾病治疗

该类疾病的共同症状表现为咳嗽、流鼻涕和呼吸困难。临床治疗原则为：在积极治疗原发病的基础上，加强对症治疗，即消炎、镇咳、化痰、平喘、强心补液。镇咳药物有复方甘草合剂；祛痰药物有氯化铵、碘化钾；平喘药物有盐酸麻黄碱、氨茶碱；强心药物有安钠咖、肾上腺素、樟脑磺酸钠、洋地黄等。

### 3. 以败血症为主的疾病治疗

该类疾病的共同特点是皮肤和全身浆膜、黏膜出血或淤血，发病迅速陷于衰竭状态，表现消化系统、呼吸系统甚至神经系统等全身性症状。临床治疗原则：提高机体免疫力。

常用药物有免疫球蛋白、高免血清、转移因子、干扰素，还有强心、补液、补碱、补盐、止血和维生素疗法等。

### 4. 以神经系统症状为主的疾病治疗

该类疾病的共同症状为精神沉郁或兴奋。临床治疗原则：镇静、解热、止痛、营养神经和补液等。镇静药物有盐酸氯丙嗪、安定；抗惊厥药物有苯巴比妥；解热镇痛药物有安痛定、安乃近和炎痛宁；营养神经药物有维生素$B_1$、脑神经因子；消除脑水肿，常用甘露醇和山梨醇。

### 5. 以皮肤和黏膜出现水疱或溃疡为主的疾病治疗

该类疾病的共同症状为皮肤和黏膜出现大小不等的丘疹、水疱、脓疱、溃疡和结痂。临床治疗原则：加强对症治疗、消炎止痛。病变的部位用0.1%高锰酸钾溶液清洗后，再用1%明矾溶液或碘甘油涂擦；病变蹄部用3%来苏尔溶液擦洗后，再涂擦鱼石脂等；病变的皮肤和乳房用3%硼酸溶液洗后，再用各种抗生素或磺胺类软膏涂擦患处。

### 6. 以贫血和黄疸为主的疾病治疗

该类疾病的共同症状为皮肤、结膜苍白和黄染，动物易出汗、易疲劳。临床治疗原则：在积极治疗原发疾病的基础上，加强对症治疗，即保肝利胆、补充造血物质。常用药物有葡萄糖铁钴注射液、维生素$B_{12}$、叶酸、硫酸钠、亚硝酸钠、维生素E、维生素C和20%葡萄糖溶液等。

### 7. 以关节炎为主的疾病治疗

该类疾病的共同症状为关节肿大、行动困难。临床治疗原则：消炎止痛。常用药物有：鱼石脂软膏、水杨酸钠、普鲁卡因青霉素等。

### 8. 以繁殖障碍为主的疾病治疗

该类疾病的共同症状为流产、早产、死胎、产木乃伊胎和弱仔。临床治疗原则：加强护理消炎补液。常用药物有维生素A、维生素E和黄体酮。

### 9. 常见混合感染疾病的治疗

近年来，随着生猪养殖规模不断扩大，集约化程度不断提高，猪群疫病的发生出现了较为复杂的情况。主要表现在旧的疫病未被消除，新的疫病又被逐渐发现；多种细菌和病毒引起的生猪混合感染疾病较为多见。

在临床上，引发混合感染的因素主要来自病毒、细菌和寄生虫三个方面。一种或多种病原都可能发生混合感染，增加了防控和治疗的难度。为此，动物疫病防控人员应该在重视饲养管理养殖技术提升的同时，应做好实验室的检疫检测工作，确定原发病或继发病，确诊混合感染疾病的类型，然后采取有针对性的治疗措施。

有猪瘟参与的混合感染，首先要紧急注射猪瘟疫苗；病原检测猪瘟病毒为阳性时，应区分是新侵入的病毒还是场内带毒母猪传染仔猪。疫苗注射后的48小时内不得应用药物对症治疗。

以猪瘟的混合感染为例，应用猪瘟弱毒细胞苗一次肌肉注射，另用转移因子或白细胞介素2+黄芪多糖肌肉注射，每天1次，连用3天。

有伪狂犬病病毒参与混合感染时，首先应紧急注射猪伪狂犬疫苗，再用猪伪狂犬基因缺失弱毒疫苗+转移因子肌肉注射，2天后能控制病情。

以蓝耳病、圆环病毒为主的混合感染的治疗，应用干扰素（或诱导剂）+黄芪多糖肌肉注射，每日1次，连用3天。

**例一：猪瘟与猪繁殖呼吸综合征的混合感染**

该种混合感染的猪，体温升高可至 41～43℃，同时精神萎靡和食欲不振。病猪的腹部和耳边会出现大面积的坏死，有些病猪排便异常，粪便较为黏稠。如果母猪患病，流产率可达100%。经过剖检可以发现，病猪脾脏部位有明显的出血症状，同时肠道出血。

一旦发现该类混合感染，必须给健康猪注射猪瘟疫苗和猪蓝耳病疫苗，对病猪注射青霉素、卡那霉素和链霉素等防止继发感染。如果病猪出现呼吸困难，可以使用氨茶碱或者肾上腺素，能够起到止咳平喘的作用。如果病猪持续发烧，需要使用氨基比林或阿尼利定等退烧药治疗。在使用抗病毒药物的同时，还应该配合使用白细胞干扰素，或者使用免疫球蛋白。此外，可以在饲料或饮水中加入一定量的黄芪多糖，能够提高猪只的免疫力和抵抗力。

#### 例二：猪链球菌病与猪附红细胞体病的混合感染

在发病的初期阶段，病猪的体温升高，可达42℃左右，同时呼吸困难。病猪的皮肤颜色会发生变化，四肢可能有弥漫性的出血现象。病猪的粪便比较干燥，或者出现便秘以及腹泻交替发生。怀孕母猪患病，流产的可能性比较大。需要注意的是，该种类型的混合感染和猪瘟比较相似，需要做好临床诊断工作。

为了预防猪患上该种类型混合疾病，在日常饲养的过程中应该加强饲养管理，采取科学的疫苗免疫接种工作。发现病猪须采取隔离对策，然后进行药物治疗，可以使用四环素、土霉素或者多西环素等抗生素，同时为病猪补充一定量的维生素，能够加速恢复至正常生理状态。

### 例三：猪瘟与猪弓形虫病的混合感染

该种类型的混合感染疾病是比较常见的。病猪的主要临床症状为皮肤变红，同时有大量的出血点，有些病猪还会出现无法站立的情况。在患病初期阶段，病猪的粪便干燥，随着病情的加剧，会出现腹泻症状。病情严重的病猪无法呼吸，嘴里有大量的白沫。怀孕母猪的主要临床症状为流产。此外，病猪还会出现明显的瘫痪症状。该种类型混合感染疾病的临床症状与猪蓝耳病比较相似，需要做好鉴别诊断工作。

如果发现疑似病例，要采取及时有效的隔离对策，然后注射猪瘟疫苗，也可以肌肉注射一定量的卡那霉素。确诊生猪感染弓形虫病，应采用驱虫药物治疗方式。

### 例四：猪瘟与猪副嗜血杆菌病的混合感染

这种混合感染疾病主要是因为养殖场缺乏科学合理的免疫措施。病猪会出现明显的体温升高和无法正常呼吸的症状，同时精神不振。随着病情的加剧，病猪的皮肤有出血症状，并且患有结膜炎，眼角有大量的脓性分泌物。此外，应该将该种混合感染疾病和其他疾病进行鉴别诊断。

平时应该加强对该种混合感染疾病的防控工作，做好日常的疫苗免疫工作，发病时可以紧急接种猪瘟疫苗。还可采取消炎治疗的措施，辅助使用黄芪多糖增强猪的免疫力和抵抗力，能够取得较好的治疗效果。

# 附录
# 动物传染病流行病学术语

**1. 传染源：** 指体内有病原体寄存、生长、增殖并能将其排出体外的人和动物，也包括一切可能被病原体污染并使病原体传播的物体。

**2. 感染期：** 被感染的动物作为传染源的最长期限。

**3. 传播媒介：** 将病原体传播给易感动物或人的中间载体。

**4. 易感动物：** 对某种病原体或致病因子缺乏足够的抵抗而易受其感染的动物。

**5. 水平传播：** 传染病在群体之间或个体之间横向传播。

**6. 机械传播：** 病原体通过动物或物体直接或间接携带而使易感动物或人被感染的传播方式。

**7. 疫源地：** 有传染源存在或被传染源排出的病原体污染的地区。

**8. 自然疫源性疾病：** 病原体能在天然条件下于野生动物体内繁殖，在野生动物中间传播并在一定条件下可传染给人或畜禽的疫病。

**9. 自然疫源地：** 存在自然疫源性疾病的地区。

**10. 流行病学调查：** 对疫病或其他群发性疾病的发生情

况、发生频率、分布、发展过程、原因以及自然和社会条件等相关影响因素进行的系统调查，以查明疫病发生、发展趋向和规律，评价防治效果。

**11. 流行病学监测：**对某种疫病的发生、流行、分布及相关因素进行系统的长时间的观察与监测，以把握该疫病的发生、发展趋势。

**12. 感染率：**特定时间内，某疫病感染动物的总数在被调查动物群样本中所占的比例。